小三 編著

萬里機構‧飲食天地出版社

自己動手做 湯丸

前言
開開心心做湯丸

湯丸象徵着一家團圓的意思，每吃下一口湯丸，就像擁有了一份圓滿的祝福。時至今日，湯丸已成為日常食品，很多人下午茶或宵夜時都會煮湯丸來吃。

雖然超市裏有多款急凍的湯丸可供選擇，但味道不免千篇一律，質感怎樣都比不上鮮揉現做的。其實，湯丸很易做，可塑性十分高，可大可小，有鹹有甜，顏色豐富，有餡沒餡都各具特色，不論你是大朋友或小孩子，這一本書相信總有你喜歡的湯丸。

團圓美滿，是每一個人心目中最大的幸福，而湯丸對我來說更加包括我對爸爸的思念，因為爸爸喜歡吃湯丸……。

這本書裏製作的 20 款湯丸，有配湯或糖水的經典湯丸，也有擂沙湯丸和糖不甩，還有家鄉風味十足的鹹湯丸。希望在這個冬日享受湯丸帶來的絲絲暖意。一家人齊齊動手，大人小朋友個個吃得開心又飽足！

此書得以出版，要多謝我的好友梁小玲、楊學強、Sally Ho、美玲，他們在拍攝期間幫我排除萬難，背後一直支持我；要感謝我的弟弟，因為有他的支持及鼓勵我才可以放心地拍攝；更加要多謝編輯小姐及攝影師在書稿製作期間一直對我包容和協助。

目錄

家鄉風味鹹湯丸

經典甜湯丸

芝麻湯丸

材料

糯米粉 160 克

熱水 130 毫升

餡料

黑芝麻蓉 200 克

桂花糖適量

清水適量

1. 黑芝麻蓉分為 20 等份，搓圓，備用。

2. 糯米粉放在大碗中，沖入熱水，立刻用湯匙攪拌，當溫度稍為下降，用手搓揉成軟滑有光澤的長條。

3. 再分切成 20 等份，分別搓圓，用食指開窩，包入芝麻餡，收口捏緊，搓圓。

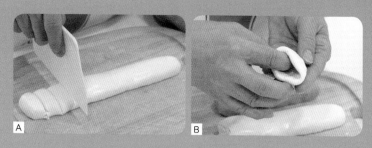

4. 燒滾半鍋清水，放入湯丸煮至浮起及漲身，撈出。

5. 把湯丸盛入碗中，加入少許桂花糖伴吃。

黑芝麻蓉

材料：

黑芝麻粉 100 克

糖粉 50 克

固體豬油適量

做法：

1. 黑芝麻粉加糖粉混合。

2. 再加入豬油*拌勻成團，放入雪柜冷凍至凝固。

*如果不想使用固體豬油，可以改用煮食油替代，而液態食油份量要自行調整。餡料不能太鬆散，否則難以成團。

桂花酒釀丸子

桂花糖水
酒釀 1 湯匙
桂花糖 1 湯匙
冰糖適量
清水 800-1000 毫升

小丸子
糯米粉 200 克
食用紅色素少許
清水 180 毫升

1. 糯米粉用部份清水拌勻，然後分兩份，一份原色，另一份加入紅色素，分別搓揉成軟滑的粉糰，再分切成小粒，搓圓成小丸子，備用。

2. 燒滾半鍋清水，放入小丸子煮至熟，撈起。

3. 清水煮滾，加入酒釀、桂花糖及冰糖拌至糖溶解。

4. 將適量丸子放入碗內，加入桂花糖水，即可享用

薑汁南瓜湯丸

 20 粒 **40** mins

材料
南瓜（淨肉）140 克
糯米粉 160 克
餡料
片糖 1 件

薑汁糖水
片糖 100 克（約 1.5 件）
薑汁 1 湯匙
清水 1000 毫升

1. 片糖 1 件，用刀切粒，再挑選 20 粒大小適中的，備用。

2. 將適量清水煮滾，加入薑汁、片糖煮成糖水，備用。

3. 南瓜肉切片，大火蒸約 10 分鐘，趁熱將南瓜壓成泥狀，加入糯米粉拌勻，並搓揉成軟滑有光澤的長條；再分切成 20 等份。

4. 每份包入一粒片糖，搓圓。

5. 燒滾半鍋清水，放入南瓜湯丸煮至浮起及漲身。撈出湯丸，放入薑汁糖水中，即可享用。

心得

蒸起的南瓜含水量高，可以先加入一部份南瓜肉搓成泥，再視乎
實際情況加減，太乾可以加南瓜泥，太濕可以加少許糯米粉。

雙色粉圓湯

4人 **30**mins

番薯圓	芋圓	番薯糖水
番薯（淨肉）200克，切片	芋蓉 150 克	番薯 200 克，去皮，切粒
糯米粉 120 克	糯米粉 120 克	薑 20 克，刨皮，拍扁
冷水適量	溫水適量	片糖適量

1. 切片番薯蒸熟，趁熱壓蓉，加入糯米粉混合，加入清水搓揉成軟滑粉糰，切粒，搓圓。

2. 芋蓉蒸熟，加入糯米粉混合，加入溫水搓揉成軟滑粉糰，切粒，搓圓。

3. 清水加薑塊煮滾，加入番薯粒煮至滾起後下片糖煮至糖溶解。

4. 另煮滾半鍋清水，放入芋圓、番薯圓煮至浮起及漲身，撈起，將湯丸放糖水中享用。

擂沙湯丸

材料	餡料	沾料
糯米粉 130 克	黑芝麻蓉 200 克	熟黃豆粉 200 克
粘米粉 20 克		糖粉 3 湯匙
生油 2 茶匙		
清水 140 毫升		

1. 黑芝麻蓉分為 20 等份，搓圓，蓋上保鮮膜，再放入雪柜冷凍定型，備用。

2. 糯米粉、粘米粉及生油拌勻後，加入清水拌勻，搓揉成軟滑的長條，分別搓圓，用食指開窩，包入芝麻蓉，收口捏緊，搓圓。

3. 燒滾半鍋清水，放入湯丸煮至浮起及漲身，撈出湯丸。

4. 熟黃豆粉及糖粉拌勻，將湯丸沾滿黃豆糖粉，便可享用。

糖不甩

材料	沾料
糯米粉 1 杯	炒香花生碎 1 杯
砂糖 1/3 杯	炒香白芝麻半杯
椰漿半杯	黃糖粉 1 杯
清水半杯	
食油 1 茶匙	

1. 沾料放入大碗內拌勻。

2. 糯米粉加入砂糖拌勻；食油、椰漿與清水混合。

3. 椰漿水慢慢加入糖粉內調成稀漿，將稀漿倒入已塗油的碟內，蒸約 20 分鐘至熟。

4. 用剪刀將粉糰剪開成一大塊，放入大碗內再剪成一粒粒，即可。

湯丸糖水美味配

番薯糖水
花生湯丸

糖水	湯丸
紫心番薯 400 克	糯米粉 130 克
黃心番薯 400 克	溫水 110 毫升
片糖 100 克	花生蓉 150 克
薑汁 1.5 湯匙	
清水 1000 毫升	

1. 清水 1000 毫升煮滾，加入薑汁、番薯煮至熟，加入適量片糖拌至糖溶化。

2. 花生蓉分成 15 份做餡料；糯米粉加入溫水搓揉成軟滑的長條粉糰，分切 15 份，包入餡料，收口搓圓。

3. 燒滾半鍋清水，放入湯丸煮至浮起及漲身，撈出湯丸，放入薑汁糖水中，趁熱享用。

紅棗薑汁片糖湯丸

6人　30 mins

材料	餡料	糖水
糯米粉 120 克	片糖 1 件	紅棗 6 粒
清水 110 毫升		片糖 120 克
		（約 2 件）
		薑汁 1 湯匙
		清水 1200 毫升

1. 片糖 1 件，用刀切粒，再挑選 18 粒大小適中的，備用。

2. 紅棗泡軟，去核，加清水煮滾，加入薑汁、片糖煮成糖水，備用。

3. 糯米粉放在大碗中，慢慢加入清水，搓揉成軟滑有光澤的長條，再分切成 18 等份，每份包入一粒片糖，搓圓。

4. 燒滾半鍋清水，放入湯丸煮至浮起及漲身，撈出湯丸，放入紅棗薑汁糖水內，即可享用。

四喜養生湯丸

糖水
銀耳 1 大個
紅棗 12 粒
桂圓 12 粒
杞子 10 克
冰糖 75 克
清水 1200 毫升

湯丸
豆沙餡 150 克
糯米粉 120 克
清水 110 毫升

1. 銀耳泡軟，切小塊；桂圓、杞子沖洗，瀝乾。

2. 紅棗泡軟，去核，加清水煮滾，調中火加入銀耳、桂圓、杞子煮約 30 分鐘，加入冰糖拌至糖溶解。

3. 豆沙餡分成 16 等份；糯米粉放在大碗中，慢慢加入清水，搓揉成軟滑有光澤的長條，再分切成 16 等份，用食指開窩，包入豆沙餡，收口捏緊，搓圓。

4. 燒滾半鍋清水，放入湯丸煮至浮起及漲身，撈出湯丸，放入糖水內，即可享用。

百年好合湯丸

 20 粒 45 mins

糖水		湯丸
蓮子 100 克	紅棗 15 粒	糯米粉 150 克
乾百合 40 克	冰糖適量	清水 140 毫升
桂圓 25 粒	清水 1200 毫升	豆沙餡 200 克

1. 豆沙餡分 20 等份，搓圓，冷凍定型，備用。

2. 蓮子洗淨，去芯；紅棗泡軟，去核。

3. 煮滾一小鍋水，放入蓮子煮至再滾起，轉小火煮至軟身，撈起，瀝乾水份。

4. 百合洗淨，放入清水中，用中火煮約 20 分鐘，加入蓮子、紅棗煮片刻，加入冰糖拌至糖溶解，備用。

5. 糯米粉放在大碗中，慢慢加入清水，搓揉成軟滑的長條，分切成 20 等份，分別搓圓，用食指開窩，包豆沙餡，收口捏緊，搓圓。

6. 燒滾半鍋清水，放入湯丸煮至浮起及漲身，撈起，將湯丸放入糖水內，即可享用。

合桃露
花生湯丸

合桃露

去衣合桃 100 克	砂糖 100 克
白米 40 克	牛奶半杯
清水 1000-1200 毫升	

湯丸

糯米粉 150 克
清水 140 毫升
花生餡 200 克

合桃露

1. 合桃肉用白鑊烘香。

2. 白米用適量清水浸泡 3 小時,然後瀝乾水份。

3. 烘香合桃、白米加入部分清水用攪拌機打成合桃米漿。

4. 煮滾餘下的清水,加入合桃米漿煮滾,加入砂糖拌至糖溶解,加入牛奶拌勻。

湯丸

1. 花生餡分 20 等份,搓圓,放入雪柜冷凍定型,備用。

2. 糯米粉放在大碗中,慢慢加入清水,搓揉成軟滑的長條,再分切成 20 等份,分別搓圓,用食指開窩,包花生餡,收口捏緊,搓圓。

3. 煮滾半鍋清水,放入湯丸煮至浮起及漲身,撈起,將湯丸放入合桃露中,即可享用。

紫米西米露湯丸

紫米西米露　　　紫米湯丸

紫米 120 克　　　糯米粉 90 克
西米 30 克　　　　紫米水 80 毫升
粟米 30 克
清水適量
冰糖 80 克

1. 紫米用清水浸泡 2 小時，瀝乾，紫米水可作搓湯丸之用。

2. 西米泡水 15 分鐘，瀝乾，加入適量清水煮至中心有一點白，關火燜至白點消失，沖水。

3. 紫米加清水煮滾後調至中小火煮至米軟熟，加入冰糖煮至糖溶解，加入粟米、西米拌勻。

4. 糯米粉放在大碗中，加入紫米水，搓揉成軟滑的長條，分切成小丸子，搓圓。

5. 燒滾半鍋清水，放入湯丸煮至浮起及漲身，撈出湯丸，放入紫米西米露中，趁熱享用。

豆漿黑芝麻湯丸

 4-6人 **60** mins 另加浸豆時間

豆漿	紫米湯丸
黃豆 200 克	糯米粉 90 克
清水 900 毫升	紫米水 80 毫升
砂糖適量	

1. 黃豆泡水最少 4 小時，瀝乾。

2. 黃豆與清水分幾次放入攪拌機中打成漿。然後用紗布過濾 3 次，隔出生豆漿。

3. 生豆漿用中火煮滾，再轉小火煮約 30 分鐘，不要蓋煲蓋，因為豆漿很容易溢出，要不時攪拌一下以免黏鍋底，煮滾後關火，調糖。

4. 紫米水煮至和暖，加入糯米粉中，搓揉成軟滑的粉糰，切成小粒，搓揉成小丸子。

5. 燒滾半鍋清水，放入全部小丸子煮至熟，撈起，放入豆漿中，即可供吃。

喳咋南瓜湯丸

4-6 人　**90** mins　另加浸豆時間

糖水
喳咋料半包
椰漿 400 毫升
芋頭 200 克
砂糖 180 克
清水 1500 毫升

南瓜湯丸
南瓜（淨肉）135 克
糯米粉 145 克

1. 芋頭去皮切粒；先取出喳咋料中的三角豆泡熱水 1 小時，連同其餘喳咋料沖水、瀝乾。

2. 芋頭、喳咋料加清水一起煮滾，然後調中細火煮至所有材料熟軟，加入椰漿、砂糖拌至糖溶解，熄火。

3. 南瓜肉切片，大火蒸約 10 分鐘，趁熱將南瓜壓成泥狀，加入糯米粉拌勻，並搓揉成軟滑有光澤的長條，再分切成 20 等份，搓圓。

4. 燒滾半鍋清水，放入湯丸煮至浮起及漲身，撈出湯丸，放入喳咋內，趁熱享用。

杏仁茶
紫雲湯丸

杏仁茶	淺紫粉糰	紫米水 85 毫升
南杏 200 克	芋蓉 50 克	原味湯丸
北杏 10 克	糯米粉 45 克	糯米粉 95 克
白米 60 克	清水 85 毫升	溫水 85 毫升
清水 1000 毫升	深紫粉糰	芋蓉餡 120 克
冰糖 90 克	糯米粉 95 克	

1. 南、北杏、白米用適量清水浸泡最少 4 小時，然後瀝乾水份。

2. 將配方內的清水與南北杏及白米分數次放入攪拌打磨成杏仁米漿，再用紗布隔渣留汁。

3. 杏仁汁用中小火煮滾，加入冰糖拌至糖溶解，而在煮的過程中要不時攪拌一下以免黏鍋。

4. 淺紫粉糰：芋蓉蒸熱加入糯米粉、清水，搓揉成軟滑的粉糰，備用。

5. 深紫粉糰：取紫米一小撮，加清水泡一會，濾出紫米水，煮至和暖，加入糯米粉中搓揉成軟滑的粉糰，備用。

6. 原味湯丸：芋蓉餡分成 12 份；糯米粉加入溫水搓揉成軟滑的長條粉糰，分切 12 份，包餡，搓圓。

7. 淺紫及深紫粉糰分別搓成長條，然後將兩條扭在一起，再分切成小丸子，搓圓。

8. 燒滾半鍋清水，先煮小丸子，煮熟後撈起，然後放入湯丸煮至熟，將煮熟的大小湯丸放入碗內，加入杏仁茶中，即可享用。

家鄉風味鹹湯丸

鮮肉湯丸

餡料
絞肉 200 克
蝦米 1 小撮
紅葱頭 3-4 粒
湯丸
糯米粉 180 克

熱水 40 毫升
清水 100 毫升
湯料
高湯 1000 毫升
冬菇 5 隻
菜心 3 棵

鹽和胡椒粉適量
肉醃料
鹽 1/4 茶匙
胡椒粉少許
生粉 1 茶匙

1. 冬菇泡軟；蝦米泡軟，略為切碎；紅葱頭剁茸，備用。絞肉加入醃料拌勻，醃 15 分鐘。

2. 燒熱鍋，下多一點油，加入紅葱頭和蝦米爆香，盛起葱茸和蝦米後，留油在鍋內。

3. 熱鍋下醃好的豬絞肉，炒至肉色變白，把葱茸和蝦米回鍋，炒勻，試味並按需要加鹽調味，以少許生粉水勾芡，兜勻成餡料，待涼後放入雪柜 1-2 小時。

4. 高湯加入冬菇煮滾，下菜心，以鹽和胡椒粉調味，備用。

5. 糯米粉放入大碗中，加入熱水拌勻，再加入清水搓揉成粉糰。分成 15 等份，分別搓圓，用大拇指開窩，包入適量餡料，收口揑緊，搓圓。

6. 燒滾半鍋清水，放入湯丸煮滾，調細火煮至湯丸浮起及漲身。

7. 將煮好的湯丸放入冬菇湯中，即可食用。

肥牛鹹湯丸

材料

肥牛肉 10 片

上湯 1000 毫升

菜芯 2~3 棵

鹽少許

胡椒粉少許

湯丸

糯米粉 70 克

溫水 65 毫升

1. 菜芯洗淨，瀝乾，備用。

2. 糯米粉放在大碗中，慢慢加入溫水，搓揉成軟滑有光澤的長條，切粒，搓圓。

3. 燒滾半鍋清水，放入湯丸煮至浮起及漲身，撈出，備用。

4. 上湯燒滾，下鹽調味，放入菜芯煮熟，加入湯丸，最後加入肥牛肉焯熟，即可享用。食用時可撒上少量胡椒粉。

香芹鹹湯丸

湯料	調味料	湯丸材料
香芹 2 棵	鹽適量	粟米粒 30 克,
香菇 4 隻	胡椒粉少許	瀝乾
粉絲 1 小紮		糯米粉 180 克
高湯 1000 毫升		熱水 40 克
		冷水 100 克

1. 香芹洗淨瀝乾，去葉，切段；香菇泡軟，切片，用少許油和砂糖醃 15 分鐘；粉絲泡軟瀝乾，切段。

2. 粟米粒用廚紙吸乾水份，備作餡料用。

3. 糯米粉放入大碗中，加入熱水拌勻，再加入清水搓揉成長形粉糰，分切 15 等份。

4. 分別搓圓，用食指開窩，包入適量粟米粒，收口捏緊，搓圓。

5. 燒滾半鍋清水，放入湯丸煮至浮起，再加入半碗清水煮至湯丸漲身，撈起。

6. 高湯加入香菇煮滾，下香芹菜和粉絲，以鹽和胡椒粉調味，裝碗；將煮好的湯丸放入高湯內，即可食用。

生菜魚肉花生湯丸

材料

鯪魚肉 150 克	鹽適量	生粉半茶匙
蝦皮 1 把	胡椒粉少許	生油半茶匙（後下）
蘿蔔半棵	麻油少許	**花生湯丸**
生菜絲 1 棵	**醃料**	糯米粉 100 克
高湯適量	鹽 1/8 茶匙	溫水 85 毫升
	胡椒粉適量	熟花生 20~30 粒

1. 蝦皮沖洗一下；蘿蔔刨皮切條，放入滾水中川燙；鯪魚肉加入醃料攪至有黏性。

2. 高湯加入蝦皮煮滾，金屬湯匙沾水，將鯪魚肉逐少逐少刮至高湯內，加入蘿蔔條煮至滾起，再放入生菜絲，下鹽、胡椒粉，麻油調味。

3. 糯米粉放入大碗中，加入溫水拌勻，搓揉成粉糰團，再分成 15 等份，每份包入 2~3 粒熟花生，收口及搓圓。

4. 燒滾半鍋清水，放入湯丸煮至浮起及漲身，撈起加入魚肉湯內，趁熱享用。

蘿蔔魚條小丸子

湯料	胡椒粉適量	南瓜泥 80 克
鯪魚肉 150 克	麻油少許	糯米粉 90 克
蘿蔔 200 克，切塊	**醃料**	**紅色小丸子**
娃娃菜 3 棵	鹽 1/8 茶匙	糯米粉 105 克
香菇 3 隻，切絲	胡椒粉適量	食用紅色素或
魚湯 800 毫升	生粉半茶匙	紅菜頭汁少許
鹽適量	生油半茶匙 (後下)	清水 95 毫升

1. 香菇泡軟切片；蘿蔔刨皮切條，放入滾水中焯一下；娃娃菜洗淨一開二切件，瀝乾。

2. 鯪魚肉加入醃料攪至有黏性，雙手沾水把魚肉弄成魚餅，熱鑊下油煎熟魚餅，切條，加入魚湯內。

3. 魚湯煮滾，加入香菇絲和蘿蔔塊煮滾，加入魚條，下調味料，煮滾，熄火備用。

4. 南瓜泥蒸熱加入糯米粉拌勻，並搓揉成軟滑有光澤的長條，分切成小丸子，搓圓。

5. 糯米粉放入大碗中，加入色素少許並搓揉成軟滑有光澤的長條，切成小丸子搓圓。

6. 燒滾半鍋清水，放入小丸子煮至浮起及漲身，撈起小丸子加入魚湯內，加入麻油，趁熱享用。

三鮮鹹湯丸

材料

香菇 6 小朵　　金華火腿 4~5 片
金菇 1 小扎　　清雞湯 1000 毫升
雲耳 10 克　　糯米粉 120 克
蘿蔔 200 克　　清水 110 毫升
豬肉 100 克

醃料

生抽 1 茶匙
糖半茶匙
鹽少許
胡椒粉少許

1. 香菇泡軟，去蒂，用少許油和糖拌勻；雲耳泡軟；蘿蔔去皮切條，出水。

2. 金菇要在使用前才能沖洗及切去底部位置。

3. 金華火腿略為蒸熟；豬肉切片，用醃料醃 15 分鐘。

4. 湯丸材料拌勻，搓揉成軟滑的長條，切粒，搓圓。

5. 燒滾半鍋清水，放入湯丸煮至浮起及漲身，撈出湯丸。

6. 清雞湯放入豬肉煮滾，加入其餘材料，調味，加入湯丸，趁熱享用。

自家餡料變出新花款

 花生醬餡

材料：

粗粒花生醬 200 克

黃砂糖 60 克

糕粉適量

做法：

1. 粗粒花生醬加黃砂糖拌勻。

2. 將糕粉逐少加入拌勻成糰，包裹保鮮膜，放入雪柜
   存放。

豆沙餡

材料：

紅豆 600 克
蔗糖 700 克
清水 1200 毫升

做法：

1. 紅豆沖洗後用清水浸泡 4 小時，濾掉水份，加入清水一起煮滾後，轉中小火煮約 1 小時，熄火焗 15 分鐘，再開小火熬約 1 小時至稔熟。

2. 將紅豆沙放入炒菜鍋內，加入蔗糖用小火不停翻炒至糖溶解，再繼續炒至起黏狀可堆成山形。

3. 盛起豆沙放涼，待完全涼透後包裹保鮮膜，放入雪柜存放。

芋蓉餡

材料：

芋頭 600 克
砂糖 170 克
固體豬油適量

做法：

1. 芋頭去皮、沖洗、切塊，隔水蒸熟，取出，趁熱用湯匙壓成蓉。

2. 加入砂糖並趁熱拌至糖溶解。

3. 再加入豬油拌勻成糰，盛起放涼，待完全涼透後放入雪柜存放。

心得：

❀ 芋頭的皮層會分泌出一些黏液，我們俗稱「咬人」，皮膚觸及會產生劇癢，所以在處理前緊記要先帶上膠手套及削皮後才用水清洗芋頭，如果不小心被芋頭「咬」到，可以在患處泡鹽水或用熱水洗刷片刻。

❀ 想餡料帶奶香味，可以加入一些奶粉增香。

❀ 不想使用固體豬油，可以改用煮食油替代，而液態食油份量要自行調整，餡料不能太鬆散，否則難以成糰。

✿ 番薯餡

材料：

黃番薯 400 克
砂糖 40 克
無鹽牛油 45 克

做法：

1. 黃番薯沖洗乾淨，去皮、切片，隔水蒸至熟，取出，趁熱用湯匙壓成蓉。

2. 加入砂糖、無鹽牛油拌勻成糰，待完全涼透後包裹保鮮膜，放入雪柜存放。

✿ 紫薯餡

材料：

紫心番薯 400 克
砂糖 45 克
無鹽牛油 45 克

做法：

1. 紫心番薯沖洗乾淨，去皮、切塊，隔水蒸至熟，取出，趁熱用湯匙壓成蓉。

2. 加入砂糖、無鹽牛油拌勻成糰，待完全涼透後包裹保鮮膜，放入雪柜存放。

不可不知的做湯丸秘密

Q：搓湯丸時需要加入幾多水份才足夠？

A：因為當中存在太多變數，很難將糯米粉與水做一個黃金比例。不同牌子的糯米粉吸水能力各有不同，當加入南瓜、番薯之類作皮料就更加難掌握水的份量，因為每種蔬果本身的含水量分別很大，所以書中搓糯米糰的水份只供參考，新手最好是將水份逐少加入，搓揉至如耳珠軟硬度即可，如果粉糰太乾可以加入少許清水，相反如果太濕可以加入少許糯米粉，只要做多幾次，必定能找出自己喜歡的水比例。

Q：應該使用甚麼水搓揉糯米糰？

A：用什麼溫度的水都可以，只是做出來的粉糰所做的湯丸口感略有不同。

❀ 凍水或冰水搓揉，簡單直接，操作容易，但並不耐煮。

❀ 溫水或熱水搓揉，黏性較強，容易黏手，延展性較佳，耐煮不易破裂，吃時比較有彈性。

❀ 先熱後凍，先加入部份熱水拌勻，再加入凍水搓揉，互補不足。

冷熱各有優劣，任君選擇。

Q：湯丸要煮多久才熟？

A：水滾下湯丸，煮至浮起，再煮至漲身，因為湯丸煮至內裏的水氣向外才會漲大，亦即表示內裏已經熟透。

如果湯丸體積大或是餡料比較難熟，可以在湯丸煮滾時加入適量冷水再煮滾至漲身，即可保證熟透。

不要煮得過久，以免糯米皮爛掉。

Q：水份充足才能煮好湯丸嗎？

A：煮湯丸一定要夠多水，以便翻滾時有足夠空間，不時要用湯勺推動湯丸附近的水，以免它們互相黏貼在一起。

Q：湯丸也要「過冷河」？

A：將煮好的湯丸泡冰水才放入熱甜湯裏，可以保持外型美觀，增加進食時湯丸的彈性。

Q：湯丸可以直接放在湯或糖水中煮嗎？

A：渌湯丸不要貪懶一鍋煮。不管煮甜湯或鹹湯，煮湯丸都需要另外起一鍋水煮熟，這樣湯丸才不會煮得過於軟爛及湯頭也不至於太混濁。

Q：為什麼湯丸不能當早餐？

A：湯丸因為黏性高，不易消化，我們早起時體內腸胃功能是最弱，最好不要在早餐時進食湯丸。